OBSERVATIONS

PHYSIQUES.

OBSERVATIONS

PHYSIQUES

SUR

L'Agriculture, les Plantes, les Minéraux & Végétaux, &c.

A LA HAYE;

Et se trouve à Paris,

Chez NICOLAS-AUGUSTIN DELALAIN,
Libraire, rue S. Jacques, à l'Image
S. Jacques.

M. DCC. LXV.

PREFACE.

DES deux Questions qu'on se propose d'agiter, l'une est de pratique, l'autre est purement spéculative.

Dans la première on cherche les moyens de forcer la Nature à donner à des Provinces & même à des Royaumes entiers, ce qu'elle leur a refusé jusqu'à présent.

Dans la seconde on examine l'essence des végetaux, & l'on tâche d'y trouver des facultés qui peut-être n'y furent jamais.

Dans l'une & l'autre, l'Auteur épuise autant qu'il est en lui toutes les ressources du raisonnement, pour prouver ce qu'il avance. Mais à l'égard de la pre-

PREFACE.

mière, dès qu'on aura fait les épreuves indiquées, la Question fera décidée : au lieu qu'à l'égard de la seconde, c'est une affaire de spéculation, la Question restera toujours. En fait de discussions de ce genre, l'expérience seule peut vérifier les choses ; ce qui ne sçauroit y être soumis, demeure nécessairement problême.

PREMIERE

QUESTION

*Ne reste-t-il plus d'épreu-
ves à faire sur la nature
des Vignes en Nor-
mandie, & autre pays
qui ne donnent point de
vin, ou en donne un
sans qualité.*

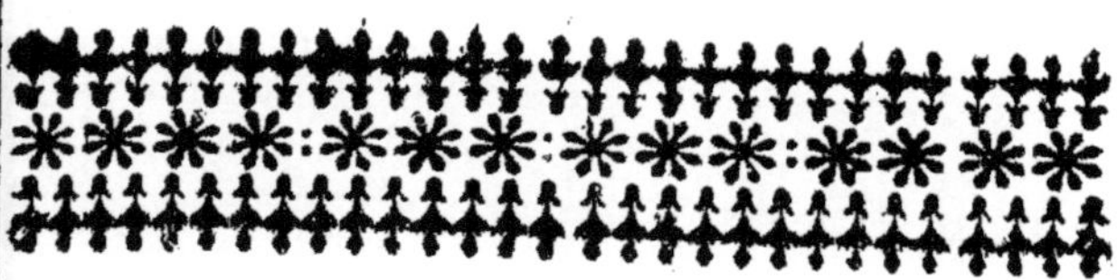

TABLE

de la premiere Question.

TABLE

Fin de la Table.

QUESTIONS
RELATIVES
A L'AGRICULTURE
ET A LA NATURE DES PLANTES.

Ne reste-t'il plus d'épreuves à faire sur la culture des vignes en Normandie, & autres pays qui ne donnent point de vin, ou en donnent sans qualité ?

ARTICLE PREMIER.

Terroir de Normandie ; tempérament & naturel des Normands : que leur boisson y contribue beaucoup.

A fécondité de la Normandie est connue ; il seroit inutile de s'étendre sur cet objet. Extrêmement peuplée, cette Province tire d'elle-même au-delà de ce qui

A

eſt néceſſaire à ſes Habitans , & ſi vous
en excluez le luxe , non-ſeulement elle
ſe ſuffira , elle aura encore de quoi fournir aux beſoins des autres.

Ses vergers ſont chargés d'arbres
fruitiers ; d'immenſes Campagnes four-
niſſent des grains de toute eſpèce ; des
pâturages ſans nombre ſont couverts de
troupeaux , ſes côtes nourriſſent les poiſſons les plus délicats * : & ſi l'on examine toutes ces productions (ſeules richeſ-
ſes réelles) on ne ſçait qui l'emporte de
la variété, de la qualité, de l'abondance.

Le tempérament des Normands incli-
ne au froid ; le climat leur donne cette
conſtitution , leurs anciennes alliances

---

* Non pas que les côtes de Normandie &
des autres provinces de France que baignent
l'Ocean, ſoient actuellement fort poiſſonneu-
ſes; elles ont été telles, elles peuvent redeve-
nir telles. Une police défectueuſe les a dévaſ-
tées, une police mieux entendue les rétabliroit.
J'ai eu lieu d'examiner cet objet, & peut-être
dans la ſuite aurai-je lieu d'en rendre compte.

l'ont favorisée, & leur boisson l'entre-
tient.

La chaleur & la legéreté qui l'accom-
pagne emportent l'esprit sur mille objets
& permet rarement d'en approfondir aucun ; le sens froid du Normand l'arrête
sur un petit nombre qu'il pénetre. Avec
de pareilles dispositions il est fait pour
les recherches les plus profondes, &
peut-être personne n'est plus propre aux
sciences ; mais le petit nombre, comme
par-tout ailleurs, se livre à l'étude ; la
foule se livre aux affaires & au commer-
ce. Ceux-ci avec cet esprit de discussion
& de combinaison qui leur est naturel,
envisagent les affaires par toutes leurs
faces, & ne manquent jamais de saisir
tous les endroits qui leur sont favorables. Bien-tôt l'esprit d'intérêt commun
à tous les hommes, grossit à leurs yeux
ce qu'ils ont trouvé à leur avantage ;
les longues & fortes réflexions, comme
il arrive presque toujours, les condui-

fent à l'entêtement ; ils fe frappent de leurs idées, s'entêtent de leurs droits, & fe perdent dans les labyrinthes de la Jurifprudence. Ainfi dans fes écarts même le Normand a encore la marche d'un hom ne qui avance dans les fciences. Les affaires deviennent fa philofophie, fes prétentions lui tiennent lieu de fyftême, & le barreau eft fon académie. De la même fource dérive la fageffe & ce qui lui eft le plus oppofé.

Ce naturel que ceux du pays ont toujours tenu du climat, n'a été que fortifié par les alliances : le phlegme Anglois n'étoit pas pour le changer. Aujourd'hui même leur boiffon ne contribue pas peu à l'entretenir. La fermentation ne s'empare pas auffi intimement du fuc de la pomme que du fuc de la grappe. Plus vifqueux & moins fpiritueux que le vin, le cidre nourrit davantage & échauffe moins. Ainfi le tempérament fuppofé égal, le cidre donnera aux fibres plus de force, le vin plus de soupleſſe & d'agilité ; le cidre donnera à l'eſprit plus de vigueur, le vin plus de vivacité & de délicateſſe.

Je ne doute pas que ſi jamais le vin devenoit la boiſſon ordinaire des Normands, leur tempérament ne ſe modifiât. Les inconvéniens qu'entraîne leur naturel diminueroient, mais les avantages qui y ſont attachés, diminueroient auſſi, & je ne ſçais trop ſi à cet égard il y auroit à gagner ou à perdre.

****

ARTICLE II.

Que l'établissement des vignobles en Normandie seroit de la plus grande utilité pour cette province, & n'auroit rien de contraire à l'Ordonnance, qui défend de les multiplier.

Uᴛɪʟᴇ peut-être par l'effet même dont nous venons de parler, le vin seroit tel à tout autre égard en Normandie.

Mais une plante qui pullule avec profusion dans les terreins stériles, manque au pays le plus fertile. Une vigoureuse végétation tire de nos arbres les fruits les plus parfaits, & ne peut tirer de nos vignes qu'un raisin vapide & sans qualité. Tout le reste abonde, mais la plus précieuse des productions de la Nature après le bled, le vin manque, & en quelque sorte dégrade l'abondance de tout le reste.

Ce que le pays leur refuse, les habitans le vont chercher ailleurs ; fâcheuse reffource qui, faifant fortir de leurs mains une portion de leur fortune, attaque & ruine fourdement·l'aifance de la Province.

Si jamais nous trouvons le moyen de tirer du vin de notre crû, non-feulement la Normandie jouira de toute fa fortune, elle acquerra même de nouvelles richeffes. Malgré l'excellence du fol en général, combien de terreins en particulier incultes ou peu féconds ? Et parmi ceux-ci, combien ne s'en trouveroit-il pas qui feroient propres aux vignobles ?

Je n'examine point ici fi l'Edit qui, dans le deffein de multiplier les grains, défend de multiplier les vignobles, atteint ou peut atteindre fon but. J'ofe affurer feulement que la culture des vignes en Normandie, n'auroit aucun inconvénient, pas même de cette nature. Des lieux incultes ou à-peu-près, seroient mis en valeur, & c'eſt un bien qui ne feroit altéré par aucun déſavantage. Si dans la ſuite on prenoit pour établir des vignobles, des terroirs qui actuellement rapportent des grains, dèslors on rendoit à ces mêmes grains d'autres terroirs d'où actuellement ils ſont en quelque ſorte exclus. Les plants de pommiers jettent un ombrage qui énerve la végétation & rend la terre qu'il couvre inféconde ; mais à proportion que les vignobles s'établiroient, les pommiers diſparoîtroient ; ainſi ce que la vigne prendroit d'un côté, les pommiers le rendroient de l'autre, les choſes demeureroient compenſées à cet égard, & l'utilité feroit toujours réelle.

ARTICLE III.

Que les tentatives qu'on a faites pour avoir des vins du crû de Normandie, ont été infructueuses & ont dû l'être. 1°. Qu'il reste beaucoup de choses à essayer du côté de la culture.

CEs réflexions ne font pas neuves; elles n'ont pas mêmes été toujours oisives. Plusieurs fois de zèlés citoyens ont entrepris de pourvoir leur patrie de la seule chose qui semble lui manquer. Ils ont cultivé la vigne, mais ils n'ont jamais eu qu'une liqueur sans qualité, & leur peu de succès n'a fait qu'augmenter le préjugé, que la Nature qui nous donne tant, nous refuse absolument le vin.

Mais quand on vient à examiner la maniere dont ces zèlés patriotes s'y font pris, on ne sçait plus à quoi attribuer leur peu de fuccès, on ne fçait plus fi l'on doit accufer le climât ou le terroir, la vigne ou le cultivateur.

Dans toutes les recherches qu'on a faites, on n'a jamais eu que des idées vagues pour guides & point de princi-pes. Par exemple, le terroir de Norman-die pourroit donner de bon vin avec telle vigne, & de mauvais avec telle au-tre : on n'a point fait attention à cette maxime, ou l'on n'y en a pas fait affez. On s'eft contenté de cultiver trois ou quatre fortes de vignes, il falloit en cul-tiver de tout genre, ne rien confondre & examiner chaque produit. Le même fol, la même humeur, la même féve donne dans un arbre un fruit doux, dans un autre, un fruit acide, & dans un troi-fiéme, un fruit amer. Il en eft de même des vignes, elles différent proportion-nellement entr'elles, comme ces arbres différent entr'eux. Nous ne tarderons pas à reprendre cette queftion.

Nous avons planté, cultivé & vendangé comme nos voisins. Leurs vignerons appellés parmi nous n'étoient pas même en état de rien innover. Nous devions donc nous attendre à avoir un vin encore inférieur au leur, c'est-à-dire, de la derniere qualité : tout le reste étoit égal, & notre terroir, notre climat étoient moins favorables.

Qu'on examine la vigilance, les soins & les manœuvres des habitans de certains pays d'où nous tirons ces vins si généreux & si exquis : en usant des mêmes moyens, nos vins, je le veux, ne seront pas de la même qualité, mais au moins seront-ils fort supérieurs à tout ce que nous avons eu jusqu'à présent dans nos cantons les moins défavorables.

Il est dans la culture, des abus qu'on peut regarder comme universels ; telle est la saison qu'on prend pour tailler la vigne. On a ouvert des avis à cet égard ; nulle part, ou presque nulle part on ne

les a fuivis ; on n'en a pas même enten-
du parler en Normandie.

Une autre chofe, peut-être encore plus
importante, & à laquelle il paroît qu'on
a fait tout auffi peu d'attention, c'eft la
double voie par laquelle les vignes prennent leur nourriture. Les feuilles & les
fruits en reçoivent de l'air, comme les
racines en reçoivent de la terre. Des
pores ouverts fur toute la furface exté-
rieure, abforbent l'humidité de l'atmof-
phere, comme les canaux pratiqués dans
les racines fucent l'humidité de la terre.
Si donc on doit tant d'attention à la nature du terroir qui doit fournir aux racines, on n'en doit pas moins à la nature de l'air qui doit fournir aux feuilles & aux fruits. A-t-on pris à cet égard
les mefures néceffaires ? Je veux qu'on
ait évité, par exemple, les fonds où les
racines fe feroient imbues d'une trop
grande quantité d'eau ; mais a-t-on évité les couches d'air, où les feuilles au-

roient nagé en quelque forte dans ces vapeurs aqueufes fi propres à énerver le fruit. Ceux qui ont élevé les ceps plufieurs pieds au-deffus du niveau du terroir, ont pris des précautions fur lefquelles ils n'ont jamais affez raifonné & dont par conféquent ils étoient bien éloignés de tirer tout le parti poffible.

Dans les cantons les plus propres à la vigne, une culture négligée à certain point, fait dégénérer le vin ; la qualité du fol n'eft point capable d'y fuppléer. De quelle conféquence de femblables fautes ne doivent-elles pas être dans un pays où l'on n'a aucune reffource à attendre du côté de la difpofition naturelle du terroir ?

Je hazarderai une réflexion ; on n'eft guères dans l'ufage d'enter la vigne fur une autre vigne, moins encore de l'allier à un autre arbre. Cela s'eft pourtant quelquefois pratiqué & avec une forte de fuccès. En la greffant fur des cerifiers, on a eu des raifins dans le tems des cerifes ; en la greffant fur des lauriers, on a eu des raifins avec les baies de laurier. Ces arbres avec le fuc font paffer leurs qualités à leurs nourriffons. Les raifins provenus du cerifier font fort beaux, mais très-aqueux & très-acides ; ceux qui viennent du laurier ont une legere amertume qui les fait rechercher de beaucoup de gens. N'eft-il que le laurier, n'eft-il que le cerifier fur lefquels on puiffe avec quelque fuccès enter la vigne ?

ARTICLE IV.

2°. Qu'il reste beaucoup de choses à essayer pour donner au moût les qualités qui lui manquent.

CE qu'on opere sur le raisin par la culture, n'est en rien comparable à ce qu'on peut opérer sur le moût par la fermentation.

La fermentation est un effort de la Nature qui reprend aux corps ce qu'elle leur avoit donné & qui détruit ce qu'elle avoit fait. Son premier travail sur le suc des fruits donne du vin, le second donne du vinaigre, le troisiéme établit la corruption, dénature entiérement la liqueur, & rend les élémens qui la composoient à leur premiere simplicité. C'est du premier dégré de la fermentation, je veux dire du travail intestin qui forme une liqueur vineuse, qu'il est ici question.

Le moût n'eft autre chofe que de l'eau dans laquelle font délayées une partie fucrée, une partie extractive, & quelquefois une partie colorante. Le premier degré de la fermentation n'attaque que la premiere. Les deux autres reftent intactes, & dans la fuite donnent au vin la couleur & ces goûts finguliers de terroir, dont quelques-uns font fi flateurs & d'autres fi défagréables.

Cette partie fucrée que les Chymiftes appelle muqueufe, eft principalement compofée d'huile, de terre & d'un fel acide. Dans les premiers chocs de la fermentation, ces principes fe défuniffent; des efforts ultérieurs les réuniffent enfuite, mais dans une nouvelle proportion. De l'huile & du fel forment de l'efprit de vin; de l'huile, du fel & de la terre forment du tartre, & la partie muqueufe qui a tout fourni, n'exifte plus ou il en refte peu.

Dès-lors le moût n'eft plus moût; c'eft

c'eſt du vin, c'eſt-à-dire, de l'eau qui, outre la partie extractive & colorante dont nous avons parlé, contient maintenant de l'eſprit & du tartre.

La proportion dans laquelle ces différens corps ſont aſſemblés, décide de la qualité du vin. S'il y a trop de l'un, trop peu de l'autre, le vin eſt défectueux ; ſi le tartre domine & que le vin tire à l'auſtere, c'eſt que l'acide ſurabondoit dans ſa partie muqueuſe, & que l'huile n'y étoit pas en aſſez grande quantité. Si le vin file & s'engraiſſe, c'eſt que l'huile dominoit & qu'il n'y avoit pas aſſez d'acides. Si le vin eſt ſans force, c'eſt que la partie muqueuſe étoit diſſoute dans une trop grande quantité d'eau, &c.

Il faut donc retrancher ce qui ſe trouve de trop, ou ce qui eſt pour l'ordinaire bien plus aiſé, ajoûter ce qui manque.

Mais quand une fois le vin eſt fait, il

B

la température de l'air, ou par la nature du terroir.

L'air peut être plus ou moins vif & leger, plus ou moins chaud, plus ou moins humide, &c.

Les terroirs varient en bien des manieres. Dans l'un il se trouve des corps étrangers qui ne se trouvent point ailleurs, ce qui peut procéder, par exemple, des émanations souterraines : dans d'autres, les principes élementaires étant les mêmes, ils ne sont point dans la même proportion ; dans d'autres enfin les élemens étant les mêmes & dans la même proportion, la cause qui combine les principes & dirige la végétation a plus ou moins d'efficace. De tout cela il résulte pour les plantes un esprit, une humeur, une séve différente.

Le progrès de tout végétal dépend du rapport qu'il a avec le climât & le terroir où il s'élève. Il lui faut un certain aliment, il lui faut un certain degré de chaleur ; fi votre climat s'éloigne de ce degré, fi votre terroir ne donne point cet aliment, jamais vous ne tirerez de vos plantations le fruit que vous vous promettez.

A parler ftrictement & dans la rigueur botanique, il n'y a qu'une efpèce de vigne qui donne du raifin & du vin, mais cette efpèce fournit plufieurs variétés. Chacune de ces variétés fuit la règle générale & profpere plus ou moins, fuivant qu'elle a plus ou moins de rapport au terroir & au climat. Pour avoir du vin en Normandie, il faut donc chercher une variété qui ait un vrai rapport au fol & à la temperature de l'air.

S'il arrive que les variétés qui profpérent dans un pays plus chaud que le nôtre, ne puiffent réuffir parmi nous ; fi celles qui profpérent dans un climat à-peu-près femblable, y jouiffent d'un terroir différent & ne peuvent encore réuffir dans le nôtre ; fi enfin de toutes les va-

riétés connues , aucune ne convient à la
Normandie ; toutes manquent de rapport, soit au climat, soit au terroir de
cette province : il en faut donc chercher
d'autres , & pour cela , *il faut semer.*

ARTICLE VI.

Preuves qu'il faut femer.

TOUT pays ne nourrit pas toute plante. Si un arbre quelconque d'un climat chaud , par exemple , languit & meurt en Normandie , la Nature indique affez par ces fignes finiftres que cette plante n'eft point faite pour ce pays. En vain effayeroit-on , en femant , de trouver des variétés qui puffent s'accommoder de la température de notre province : où la mort s'empare de l'efpèce , les variétés ne peuvent avoir lieu.

Si la vigne étoit dans ce cas, il ne faudroit point penfer à avoir des vins de Normandie ; mais bien loin d'y périr , elle s'y nourrit peut-être mieux que partout ailleurs , & cela feul prouve, ce

femble, fuffifamment que cette province ne devroit point être privée de la liqueur qu'elle donne. Les vignes y vé-
gètent parfaitement, celles qui y croif-
fent aujourd'hui ne donnent poiht un
raifin de bonne qualité, fi l'on en cherche qui le donne meilleur & qu'on n'en
trouve point ni en Italie, ni en Efpagne,
ni dans nos provinces méridionales, ni
dans aucun autre pays, il refte à en chercher dans les magafins de la Nature, dans
les femences.

Les femences donnent toujours les
mêmes efpèces, mais fouvent des efpèces variées ; & ces variétés différent
non-feulement quand à la forme, mais
encore quant à la qualité. Les noyaux
de pêches ont toujours fourni des pê-
chers, mais l'un a donné l'admirable,
un autre, la magdelaine, un autre, la
corbeil, &c.

Les variétés de chaque efpèce de
plante, n'ont certainement pas commencé

mencé d'exister en même-tems ; elles ne se sont montrées qu'à la longue & les unes après les autres. Ce n'a été que dans le laps des tems & après les développemens successifs des germes, qu'on a trié de la multitude celles qui ont pû être utiles aux hommes.

Les différentes sortes de vignes dont on est en possession, n'ont point d'autre origine : des germes se sont ouverts & les ont produites. Dans les climats où l'on s'en est bien trouvé, on s'en est tenu là ; où elles ont été transplantées & n'ont réussi que médiocrement, on s'en est encore contenté ; & là même où elles n'ont point du tout réussi, on n'a pas été plus loin & l'on a renoncé au vin ; comme s'il falloit avoir du muscat ou point de raisin. Ces variétés ne convenoient pas, pourquoi n'en pas chercher d'autres ? Et s'il ne s'en trouvoit point d'autres, pourquoi ne pas semer ?

Le Fleuriste seme pour avoir de nou-

C

velles fleurs , le Jardinier feme pour
avoir de nouveaux arbres fruitiers , pourquoi ne femerions-nous pas pour ayoir
de nouvelles vignes ? Le premier donne
l'être à ces fleurs fi recherchées par leur
éclat , plus encore par leur nouveauté ;
le ⋅ fecond enrichit nos vergers de ces
arbres récemment découverts , dont le
fruit eft d'autant plus précieux , cu'il eft
unique ; pourquoi par les mêmes moyens ,
ne pas orner ces côteaux ftériles , de
vignes nouvelles qui s'accommode-
roient du climat & du terroir ?

En général les végetaux fe multiplient en deux manieres , par extenfion ,
par génération. Les greffes , les marcot-
tes , les boutures multiplient par extenfion , les femences multiplient par génération. Mais il y a bien de la différence
entre les produits. La voye de l'extenfion ne fonne jamais que le même arbre ,
celle de la génération peut donner des
variétés fansnomb re. La premiere mul-

tiplie les avantages déja trouvés ; la seconde en décele de nouveaux. Celle-ci
est utile, quand même l'autre ne manque
pas ; elle devient néceffaire quand l'autre manque.

Queft-ce que le vin ? L'humeur de
l'air & de la terre, préparée dans la vigne & perfectionnée par la fermentation.
Les vignes, les filtres auxquels nous
avons préfenté le fuc de notre terroir,
ne l'ont pas bien préparé, pourquoi ne
pas nous en procurer d'autres par la voye
des femences ?

Il y a je ne fçais combien de poiriers
qui dans le pays ce femble le plus con-
venable à cette efpèce d'arbre, donnent
un fruit qui ne mûrit point ; il y en a
auffi un grand nombre d'autres dont le
fruit mûrit parfaitement. Que ceux - ci
ayent produit ceux-là, ou en ayent été
produits, cela eft fort incertain. Nous
pouvons donc fuppofer que ceux dont
le fruit ne mûrit point ont exifté avant

les autres. En ce cas nous ferions encore à ceuillir fur l'arbre une poire dans fa maturité, fi l'on n'avoit pas femé. Ce que nous difons du poirier, nous le pouvons dire de la vigne. Peut-être que la premiere qui ait exifté n'étoit bonne à rien : nous ne connoîtrions point le vin, fi des germes ne nous en avoient développé d'autres.

J'obferve que le terroir, l'expofition & le refte égal, telle vigne me donne du verjus ; telle autre, un raifin qui mûrit un peu ; tel autre, un raifin qui mûrit encore un peu plus ; je planterai donc différentes fortes de vignes pour en trouver une dont le fruit mûriffe parfaitement ; & fi j'épuife fans fuccès les variétés connues, je femerai pour en avoir de nouvelles. Ce que je dis de la maturité, doit s'entendre auffi des autres qualités ; les mêmes principes ont toujours lieu, & l'on en doit tirer les mêmes conféquences.

ARTICLE VII.

Suite des Preuves.

JE souhaiterois bien m'être trouvé à portée de quelqu'un de nos zèlés Patriotes , qui pourvu de différentes fortes de provins , se seroit disposé à donner du vin à ses Concitoyens. Il me semble que je lui aurois épargné bien des peines inutiles. » Dans ces différentes » fortes de vignes vous en cherchez qui » conviennent à votre pays , lui aurois- » je dit ; mais ne voyez-vous pas que » venus de climats différens du vôtre , » une preuve qu'elles ne réussiront que » médiocrement ou point du tout, c'est » qu'elles réussissent-là ? Voyez ce Co- » rinthe , il est parfait dans les Isles de » l'Archipel , il dégénere dans les » Provinces méridionales de France ; » quel pensez-vous qu'il doive être ici ?

C iij

» Ce qui eſt vrai à l'égard de cette vi-
» gne , pourroit bien l'être à l'égard de
» toute autre. Laiſſons ce tas de provins
» qui probablement ne peuvent vous
» occuper qu'infructueuſement , & rai-
» ſonnons ſur votre projet. Puiſque vous
» cherchez une vigne qui , convenant à
» votre terroir, donne de bon vin, n'eſ
» il pas vrai que s'il y avoit aux envi-
» rons ou plutôt dans quelque coi.. de ce
» terroir même un ou pluſieurs milliers
» de vignes , la plûpart de genres diffé-
» rens mais inconnus , vous ne manque-
» riez pas d'examiner ſi parmi toutes ces
» variétés vous ne trouveriez point celle
» que vous cherchez. N'auriez-vous pas
» lieu de vous flater de rencontrer dans
» votre terrein , ce qui convient à votre
» terrein même? Ne ſeroit-il pas plus pro-
» bable que vous l'y trouveriez plutôt que
» dans tout autre? Ne ſeroit-il pas en quel-
» que ſorte contre l'ordre d'éprouver des
» productions étrangeres , préférable-

» ment à celles qui croissent autour de
» vous ? Hé bien, ces milliers de vignes
» dont je vous parle, vous les avez en
» votre disposition, vous n'avez qu'à
» semer. «

En vain nous nous sommes entêtés à provigner certaines variétés ; nos vignes pleines de seve & de vigueur, après nous avoir réduits pendant tout le tems de l'accroissement par les apparences les plus flateuses, nous ont toujours trompé dans le tems de la maturité & de la vendange. Une grappe abondante & bien nourrie, mais austere & sans qualité, ne nous a pû donner la liqueur que nous nous promettions. Quelle en est la cause ? Est-ce sur-abondance de nourriture ? Cherchons une variété dont l'organisation refuse une si grande quantité de suc. Est-ce tenacité dans l'union des principes alimentaires que la vigne absorbe & que la chaleur trop débile ne peut analyser & réduire ? Cherchons une variété qui n'admette que des fucs plus aifés à travailler. Eſt-ce langueur, eſt-ce retardement dans les développemens ? Cherchons une variété précoce. Eſt-ce quelque autre défaut, eſt-ce tous ces défauts enſemble ? Cherchons une variété qui ait les qualités oppoſées. Qu'importe que parmi toutes les vignes exiſtantes nous n'en trouvions point de telles ; nous avons les mains pleines, femons.

Il n'eſt point de Phyſicien qui ne convienne 'en femant on pourroit trouver une nouvelle vigne, que cette vigne pourroit produire des grappes dont les grains ne fe comprimeroient point & feroient d'un volume plutôt petit que grand, que cette même vigne pourroit être précoce, qu'enfin elle pourroit donner un fruit auffi bon que le meilleur raifin connu ; une pareille vigne feroit fans doute celle qu'il faudroit cultiver en Normandie. Tout annonce que fon fruit y parviendroit à la plus grande maturité, & auroit toutes les qualités que celui que nous vendangeons n'a point.

On pourroit non-seulement trouver une vigne de cette sorte ; mais encore plusieurs variétés, je veux dire d'autres vignes qui pourvûes des mêmes qualités, varieroient pourtant entre elles par la forme, par la configuration du fruit, & ce qui est plus essentiel, par le goût qu'elles donneroient à la liqueur qu'on en exprimeroit. Mais dût-on n'en trouver qu'une seule, ce seroit toujours avoir trouvé un trésor & un trésor inépuisable, puisque plus on en tireroit par la propagation que nous avons appellée extension, plus le fond en augmenteroit. Cela n'empêcheroit pas même que nos vins ne variassent ; les différens terroirs leur imprimeroient différens tons.

On a désiré avoir du vin, on a planté quelques vignes & on n'en a point eu ; donc notre terroir, a-t-on dit, n'est point fait pour avoir du vin. Conclufion précipitée : il falloit dire , donc les vignes que nous avons plantées ne font point faites pour notre terroir ; donc il en faut chercher d'autres , & fi nous n'en trouvons pas, donc il faut femer.

Enfin fi l'on fait les expériences dont je parle , qu'on les faffe bien & qu'on ne réuffiffe point , il fera prouvé que de toute impoffibilité on ne peut tirer de bon vin du terroir de Normandie ; la chofe reflera indécife tant qu'on n'aura point effayé.

✱✱✱✱:✱:✱:✱✱✱:✱✱✱

ARTICLE VIII.

Que les essais qu'on propose peuvent se tenter pour beaucoup d'autres pays que la Normandie.

QUELQUES-UNS marquant des bornes aux largesses de la Providence, ont circonscrit les pays où la vigne peut être cultivée avec avantage. Les climats, ont-ils dit, qui se trouvent entre le quarantiéme & le cinquantiéme degré de latitude, peuvent donner du vin ; en-deçà vers l'Equateur, il fait trop chaud ; au-delà vers le Pole, il fait trop froid. Ils n'ont pas fait attention que si nous avions moins de sortes de vignes, il faudroit rétrecir ces limites, & que si dans la suite nous en avons un plus grand nombre, il faudra sans doute les étendre & peut-être de beaucoup. A ne confidérer que les variétés actuelles, on a lieu de s'étonner qu'un fi grand nombre de pays ayent pû y trouver ce qui leur convenoit : mais à confidérer les variétés poffibles, on croira aifément qu'il eft peu de climats qui n'y trouvaffent de quoi s'accommoder.

Quoiqu'il en foit, ce que nous avons dit jufqu'à préfent regarde non-feulement la Normandie, mais encore tout pays dont le climât eft à peu près pareil, c'eft-à-dire, dont l'intempérie froide & humide n'eft pas exceffive. Plufieurs Provinces d'Angleterre en particulier, & entr'autres la Province de Galles, femblent n'attendre que ces fortes d'entreprifes pour fournir les plus excellens vins.

Ces mêmes effais que nous confeillons pour les climats dont l'intempérie tourne au froid ; nous pouvons, ce femble, les confeiller auffi pour ceux dont l'intempérie tourne au chaud, & qui

par-là font privés des avantages des vignes exiftantes qui paroiffent exiger un
air tempéré. S'il eft dans la nature du
pepin de raifin de pouvoir développer
des vignes propres à un climât qui in-
cline au froid ; on ne voit pas pourquoi
il ne feroit pas donné à ces mêmes pepins d'en développer d'autres pour un
climât qui inclineroit au chaud. La même caufe qui d'un certain milieu atteint
un des extrêmes , peut atteindre l'autre.

S'il eft vrai que nous n'ayons pû avoir
de vin en Normandie , parce que nous
n'avons point trouve la vigne qui nous
convenoit ; il fera encore vrai que dans
les pays où l'on a du vin , mais du vin
médiocre, on ne l'a tel que parce qu'on
n'a pas trouvé une vigne qui eût un rapport affez prochain au terroir & à la température de l'air. De part & d'autre il
faut faire de nouvelles recherches &
avoir recours aux femences.

Irai-je encore plus loin ? Les pays

qui fourniffent les meilleurs vins , n'en pourroient-ils point fournir encore un fupérieur? Eft-il bien fûr qu'on ait eu le bonheur d'y rencontrer les variétés les plus appropriées qui puiffent exifter? Peut-on décider cette queftion fans avoir confulté la Nature & tenté nos expériences ?

ARTICLE IX.

Précautions à prendre dans les recherches qu'on propofe.

AU furplus, il ne faut pas croire que la Nature fe préfente avec toutes fes richeffes, dans les premiers efforts qu'on lui aura demandés. Il faudra du tems aux plantules provenues des pepins, pour prendre affez de force & être tranfplantées. Il en faudra encore à ces vignes tranfplantées pour donner du fruit, & permettre à l'Obfervateur de difcerner celles dont il aura lieu de plus efpérer; il en faudra enfin à celles-ci pour fe provigner & fe multiplier au point de donner une certaine quantité de vin, car ce n'eft qu'alors qu'on pourra juger fi l'on a pleinement réuffi. Pendant tout ce tems il fera effentiel d'avoir toujour les yeux ouverts sur les progrès de la végétation & de ne rien négliger de tout ce qui pourroit donner quelque éclaircissement.

Je souhaite que ces difficultés écartent de l'entreprise ceux qui ne se connoissent pas en état de les surmonter. Leur peu de succès ne feroit qu'inspirer de la défiance, & le résultat de leur procédé défectueux refroidiroit & feroit craindre que des expériences plus exactes n'eussent le même sort. En voulant servir leur Patrie, ils la desserviroient.

Assez de fortune pour travailler en grand & n'épargner aucunes dépenses nécessaires ; assez d'exactitude pour suivre scrupuleusement ses expériences ; assez de justesse pour ne rien laisser échapper d'essentiel ; assez de zèle pour soutenir des détails sans cesse multipliés ; voilà ce que j'exigerois dans un Observateur.

Un tel homme, s'il avoit le courage d'entreprendre,

d'entreprendre , auroit sans doute le bonheur d. réussir. Il ouvriroit un tré-for à ses Corcitoyens , & il en tireroit autant de gloire , que sa patrie d'utilité.

Fin de la premiere Question.

SECONDE
QUESTION.

Pourquoi les Plantes ne seroient-elles pas de véritables Animaux ?

POURQUOI les Plantes ne seroient-elles pas de véritables animaux ?

ARTICLE PREMIER.

Les végétaux sont des corps organiques comme les animaux.

J'ENTENS parler tous les jours de matiére brute & de matiére organique, mais je ne vois personne en donner une idée précise. Voici celle que je me suis formée. J'appelle corps organique celui qu'on peut détruire sans attaquer les principes qui le composent, & matiére brute, celle qu'on ne peut détruire sans la décomposer.

Qu'un élément se joigne à un autre élément, un atôme d'eau à un atôme de terre, il en résultera un mixte, un corps brute. Que ce mixte se joigne à un au- mixte, & celui-ci encore à un autre, il n'en résultera jamais que des corps bru- tes. Et comme l'essence de ces corps consiste dans la nature & la proportion de ces unions, il est clair que pour atta- quer cette essence & détruire le corps, il faut remonter jusqu'aux principes, soit primitifs, soir secondaires & les sé- parer. Coupez en autant de parties qu'il vous plaira une masse de plomb, vous n'attaquez point son essence, chaque partie sera toujours du plomb ; mais ôtez à cette masse une portion du feu qui entre dans sa composition, vous la prenez par ses principes, vous détrui- sez le corps brute, il vous reste une espèce de chaux, le plomb a disparu.

Les corps organiques font composés de parties, ces parties de canaux, ces

canaux de membranes & de fibres; ainſi
pour détruire le corps organique, il ne
faut que ſéparer ſes parties; pour détruire les parties, il ne faut que ſéparer les
canaux; pour détruire les canaux, il ne
faut que ſéparer les membranes & les
fibres, & en tout cela on ne touche
point aux principes.

Ces objets ne peuvent-être trop ap-
profondis. C'eſt la clef des connoiſſan-
ces fondamentales de l'œconomie miné-
rale, végétale & animale. On s'eſt trop
négligé à cet égard, & de-là vient principalement l'embarras où l'on ſe trouve
tous les jours dès la premiere diſtribu-
tion des corps naturels en trois régnes.
Nous ne tarderons pas à nous en expli-
quer.

On voit que la définition des êtres
organiques convient autant à la matiére
qui forme le corps d'un végetal, qu'à
celle qui forme le corps d'un animal. La
diviſion la plus générale des corps na-

turels & qui se tire de la différence la
plus essentielle qui se puisse trouver entre eux, réunit du même côté les végétaux & les animaux & nos premiers regards apperçoivent les uns & les autres
rangés dans la même classe.

CHAP.

ARTICLE II.

Leur génération est la même.

DU côté de la multiplication j'obser-
ve d'abord que les développemens,
qui surviennent dans un individu, relativement à cet objet ne s'opérent que
quand l'individu touche à sa perfection.
C'est en quelque sorte le dernier effort
de la Nature qui finit où elle avoit commencé & redemande ce qu'elle a donné.
A cet égard, il en est des végétaux
comme des animaux. Le Jardinier
n'ignore pas que ces branches vigou-
reuses qui prennent une nourriture abondante, & donnent du bois à proportion,
annoncent une jeunesse durable & des.
fruits tardifs; il ne ménage que ces branches débiles où les derniers développemens ne tarderont pas à se faire, où la
E

fructificat.on ne tardera pas à s'opérer.

Parmi les végétaux vous trouverez des mâles, des femelles, des hermaphrod.tes comme parmi les animaux. Vous y trouverez des mélanges, des fécondations, des germes qui en réfultent. Vous trouverez enfin que la graine contient les rudimens d'un individu tout femblable à celui dont elle procéde ; c'eft l'œuf des végétaux.

Quant à la mécanique de la génération, c'eft un labyrinthe où la Nature travaille dans le fecret le plus impénétrable. Du lieu où elle opére à celui où nos petites lumieres nous ont conduit, il y a une diffance fi grande, & nous faifons des progrès fi lens, qu'on a tout lieu de croire que nous ne parviendrons jamais jufqu'à elle. Quelques bornées que foient nos connoiffances, nous en avons pourtant affez pour être certains que l'œuvre de la génération eft effentiellement le même dans le régne végétal & animal,

dans tous les corps organiques. Il en
eſt à peu près comme du mouvement,
nous n'en connoiſſons pas le mécaniſme;
mais nous ſommes très-ſûrs que ce mécaniſme eſt le même dans l'homme & dans
les animaux proprement dit, même les
plus imparfaits.

ARTICLE III.

La nutrition s'opére dans les uns comme dans les autres.

NOus ne trouverons pas moins de rapports entre les corps dont nous parlons, si nous les confidérons du côté de la nutrition.

Ceux des animaux qui font obligés d'extraire un fuc nourricier d'une fubftance groffiere, font pourvûs de cavités propres à contenir, féparer, tranfmettre, & d'humeurs propres à diffoudre ; ils ont une bouche, un eftomac, des inteftins des fucs digeftifs.

Mais le plus important eft que les parcelles nourriffantes récemment extraites, paffent dans la maffe des humeurs & s'affimilent. L'introduction fe fait par des orifices dont tout le canal des inteftins eft parſemé. C'eſt donc à ces orifices que commence l'œuvre eſſentielle de la nutrition, tout ce qui a précedé n'eſt que préparation ; & ſi la nourriture de laquelle uſe aſſidûment un animal, n'a pas beſoin de cette préparation, il eſt tout ſimple que cet animal ſoit dépourvu de bouche, d'eſtomac & d'inteſtins, & que la Nature préſente nûement au ſuc nourricier l'orifice des canaux deſtinés à le charrier & le dépoſer dans la maſſe.

C'eſt préciſément ce qui arrive dans les végétaux. Leurs alimens ſont fluides, aqueux, purs & tout digérés ; la terre en eſt le réſervoir, & l'air en contient une grande quantité. Il ne reſtoit à la Nature qu'à diriger des canaux & en préſenter l'orifice à l'extérieur des feuilles, des branches & des racines.

Ces deux organiſations (celle des plantes qui n'ont ni bouche, proprement dite, ni eſtomac, ni inteſtins, & celle des animaux qui ont toutes ces parties) ſe trouvent réunies dans certains sujets : preuve qu'elles vont au même but, & qu'au moins à cet égard il n'y a aucune différence essentielle entre les corps qui font organisés de l'une ou de l'autre maniere. On trouve, par exemple, dans l'étoile de mer une bouche, un estomac, des intestins, & ce même individu est pourvû extérieurement de quantité de canaux qui pompent l'eau & en tirent un suc nourricier.

Au reste les transports, les filtrations, les affinemens, l'assimilation, tout ce qui concerne le dernier & le plus important degré de la nutrition, tout cela s'opére aussi bien dans la plante le plus simplement organisée, que dans l'animal le plus parfait. A cet égard l'un n'a aucune supériorité sur l'autre. Dans l'animal, la Nature part d'un peu plus loin, mais & dans l'animal & dans le végétal elle arrive au même but par le même chemin.

ARTICLE IV.

Il en est de même de l'accroissement.

QUEL que soit l'agent qui préside à l'accroissement, il agit ou dans l'intérieur ou à l'extérieur des corps. Dans le régne minéral, il agit extérieurement. Des matiéres s'appliquent à la surface, s'assimilent, s'identifient & les corps croissent.

Dans les êtres organisés, dans les plantes comme dans les animaux, ce même agent reçoit intérieurement les alimens, les travaille, les combine, les distribue & les fixe; il prépare comme dans un centre & applique ensuite de toutes parts vers la circonférence.

L'espace de tems qui se trouve entre les premiers efforts du mouvement vital qui tiennent à la germination, & les derniers qui tiennent à la mort du végétal , est distingué par des nuances qui répondent parfaitement aux différens âges des animaux.

Le tissu des fibres végétales porte aussi manifestement que le tissu des fibres animales , l'empreinte de ces âges. La jeunesse s'y peint avec tous ses agrémens , & la vieillesse y grave ces traits si redoutés qui menacent d'une destruction prochaine.

Dans l'enfance les plantes , comme les animaux, sont d'une constitution foible & délicate. Les solides n'ont aucune consistance , les fluides surabondent, & cet âge imbécile est sans vertu.

La vieillesse ramene à une imbécillité d'un autre genre & par des voies tout opposées. Les solides prennent trop de consistence, les fluides manquent , les petits vaisseaux se bouchent ; la correspondance , l'harmonie se détruit peu à peu & enfin s'éteint entièrement. Ainsi l'action vitale qui tend sans cesse à fortifier les parties, porte à la longue leur denfité à un excès mortel ; & dans les végétaux auffi bien que dans les animaux, la mort eft un effet néceffaire de la vie.

Dans l'âge qui tient le milieu entre ces deux extrêmes, s'opére ce que la Nature doit au bien être de l'individu, ce que l'individu doit aux vûes de la Nature. L'individu reçoit de la Nature la mefure de force & de vertu dont il eft fufceptible. La Nature reçoit de l'indi-vidu les germes ; objet invariable de fes foins & de fes travaux affidus.

La mort ne laiffe pas toujours aux êtres organiques le tems de parcourir ces différens âges. Elle les attend au bout de la carriere, mais quelquefois elle les arrête dans leur courfe ; & les accidens qui emportent les hommes & les animaux avant le tems, font encore communs aux plantes. Les playes, les ulceres, la gangrene, les écoulemens

contre nature, & fur-tout les tranfpira-
tions trop ou trop peu abondantes, accidens communs aux animaux & aux
plantes ; accidens d'où procédent les
langueurs, les maladies, la mort.

ARTICLE V.

*Il n'y a qu'une sorte de mouvement essentiel
à l'animalité, & les végétaux en sont
pourvûs.*

JE remarque, à l'égard des productions dont il est question, trois sortes de mouvemens principaux, un intime, un local, un partial. J'appelle mouvement intime celui qui se passe intérieurement dans la formation, l'accroissement & la vie des corps organiques ;
local ou progressif, celui par le moyen
duquel certains animaux, comme les
quadrupédes, peuvent se transporter
d'un lieu à un autre ; partial celui par
lequel un individu peut mettre en action
une ou plusieurs de ses parties.

Le premier est essentiel à l'animalité
& les végétaux en sont pourvûs. Les au-

tres font des perfections accordées à cer‑
tains animaux & refufées à d'autres.
L'huitre, par exemple, qui n'a point de
mouvement local fpontané, en a un par‑
tial ; elle ne change point de place, mais
elle peut ouvrir & fermer felon le befoin,
les écailles dont elle eft couverte ; &
comme l'huitre n'en eft pas moins ani‑
mal, quoiqu'elle manque du mouve‑
ment progreffif ; d'autres êtres organi‑
ques n'en font pas moins animaux, quoi‑
qu'ils manquent & du mouvement pro‑
greffif, & du mouvement partial. C'eft
l'état où fe trouvent les plantes.

J'examinois un jour fur le bord de la
mer une pièce de roche, couverte de
quelques pouces d'eau. Sa furface étoit
prefque entierement occupée par ces
petits coquillages dont on fait une efpè‑
ce de *Lepas*, de glan de mer. Quelques
mouffes marines fort petites, croiffoient
aux environs. Ce *Lepas* a une coquille
de trois pièces : la plus grande, forme

une forte de cône tronqué dont la bafe eft fixée fur le rocher ; c'eft la demeure du petit animal. Les deux autres forment au haut du cône un couvercle ou plutôt une porte à deux batans : j'obfervai leur ftructure & leur jeu, c'eft peut-être une chofe unique , mais ce n'eft pas ici le moment d'en parler. Quand le *Lepas* veut prendre fa nourriture , il ouvre fa porte & déploye dans l'eau je ne fçai combien de filamens avec lequel il ac-croche l'aliment, ou plutôt pompe les parcelles nourriffantes qui fe trouvent dans l'Elément qui l'environne. Ce fpec-tacle me fit faire une réflexion ; je difois, fi ce petit animal étoit conftitué d'une maniere à pouvoir toujours demeurer épanoui dans l'eau & à en tirer affidue-ment fa nourriture , il n'auroit befoin ni de coquille pour fe mettre à couvert, ni de mufcles pour fe mouvoir, la Provi-dence ne l'en auroit point pourvû & il n'en feroit pas moins un être organique fenfible , un animal : car ce n'eft pas la coquille qui conftitue fon animalité, & il y a bien d'autres parties fenfibles que les mufcles. Mais que feroit-ce qu'un *Lepas* dans cet état ? Une mouffe fenfible & animée, fans mouvement ni local, ni partial , fans mouvement fpontané. Ainfi ce *Lepas* que j'ai fous les yeux pourroit bien être une mouffe délicatement organifée , à qui il a fallu une coquille pour la mettre de tems en tems à couvert , & cette mouffe que je vois à côté de lui, pourroit bien être un *Lepas* d'une organifation robufte , qui fe paffe de coquille. Tout cela dans le fond ne feroit-il point la même chofe ?

J'ai regardé le mouvement local ou partial, comme une perfection accordée à certains êtres organiques & refufée à d'autres ; peut-être ai-je eu tort. En effet, l'un & l'autre mouvement pourroit bien procéder d'une attention de la Nature à pourvoir à certains befoins , & pour lors leur préfence prouveroit plutôt des befoins multipliés que des perfections accordées par des raifons de préférence qu'on n'entend point.

Les quadrupedes, les oifeaux, les poiffons font dans la néceffité de fe répandre de côté & d'autre, leur nourriture eft éparfe, il faut qu'ils aillent en quête, il faut qu'ils ayent un mouvement local.

Beaucoup de coquillages trouvent dans l'eau de la mer, une nourriture abondante, ils n'ont pas befoin de fe déplacer, ils font environnés du fuc qui les nourrit ; auffi font-ils dépourvûs du mouvement local. Mais il faut qu'ils ouvrent leur habitation à ce fuc, & qu'enfuite ils fe tiennent clos pour en tirer parti, & en conféquence de ce befoin ils ont été pourvûs du mouvement partial.

Il eft des corps organiques qui, comme ces coquillages, ont l'avantage de trouver dans l'eau & les fluides qui les environnent , une nourriture fuffifante, mais qui de plus ont celui d'être toujours prêts à s'en faifir. Ceux-ci n'ont befoin ni du mouvement local , ni du mouvement partial, & les végétaux font dans ce cas. Cela prouve-t-il qu'ils manquent de certaines perfections ? Cela ne prouve-t-il point qu'ils n'ont pas certains befoins ?

ARTICLE

ARTICLE VI.

Que le mouvement progressif se remarque aussi bien dans certains corps brutes, que dans certains animaux.

RAPPELLONS-NOUS ces mouvemens violens que nous voyons s'établir si souvent dans les mélanges chymiques & qu'on appelle effervescences ; ils vont jusqu'au tumulte. Des corpuscules actifs se heurtent avec tant d'âpreté qu'il en résulte une chaleur considérable, & quelquefois l'inflammation.

Veut-on dans les corps brutes des mouvemens moins tumultueux, des unions plus tranquilles, une action plus mesurée ? Les Chymistes nous en donneront encore un exemple dans les cristallisations. Des sels diffous dans l'eau & que la chaleur culbute en tout sens,

F.

se meuvent lentement & avec ordre dès que la chaleur a disparu. Ils s'approchent, se joignent s'arrangent, & forment au fond des vases, des pyramides, des cubes, des prismes, des solides symétriques de tout genre & de la plus grande régularité. Le Spectateur est frappé d'étonnement à la vûe de ces groupes de cristaux ; le Physicien cherche envain dans les loix du mouvement la mécanique de leur formation, & la doctrine des rapports n'en instruit pas mieux le Chymiste.

Mais pourquoi nous renfermer dans un laboratoire & arrêter nos yeux sur quelques vases chymiques ? Portons nos regards sur la surface du globe & contemplons toute la Nature. Dans l'état actuel des choses les élémens, les principes secondaires, les mixtes, presque tout est réuni, pressé, gêné, & l'Univers seroit dans un engourdissement général, si ce n'est qu'il est encore de petits espaces où l'action des corpuscules continue d'avoir lieu. Ces espaces sont disseminés dans l'intérieur du globe & à sa surface, dans l'atmosphere de l'air & peut-être au-delà, dans l'intimité des minéraux, des végétaux, des animaux. Là comme dans les vases chymiques dont nous venons de parler, la nature opére sans cesse des mélanges & des séparations, des assemblages & des désunions, des destructions & des générations, là tout se fait & se défait. Nos yeux trop foibles ne peuvent appercecevoir, notre imagination trop bornée ne peut nous représenter ces délais immenses ; mais leur résultat nous frappe d'admiration, c'est le magnifique spectacle de la Nature.

Ces considérations ont porté plusieurs Philosophes à reconnoître trois sortes de mouvemens dans les corps brutes. Le premier survient quand un corps céde à l'impulsion d'un autre ; le second procé-

de de la loi générale de la gravitation ;
le troisiéme (celui dont nous venons de
parler) est le mouvement propre des
corpuscules. En vertu de ce dernier, une
parcelle se meut par elle-même , avance ,
recule & change de direction suivant les
circonstances.

Voilà donc un mouvement local progressif dans des parcelles brutes , aussi
bien que dans les animaux. Nous ne di-
rons pourtant pas que ces parcelles
soient animées , quoiqu'elles soient pourvûes de la faculté de se mouvoir. Avoir
cette faculté ne suffit donc pas pour être
mis au rang des animaux ; suffiroit-il de
ne l'avoir pas pour en être exclus ?

ARTICLE VII.

Outre le mouvement essentiel à l'animalité, quelques végétaux en ont encore un d'un autre genre.

QUAND j'ai dit que les plantes sont dépourvûes du mouvement spontané, cela ne doit s'entendre que du plus grand nombre ; quelques-uns font exception & ont un mouvement partial. Et comme le mouvement progressif des animaux n'est en effet qu'un mouvement partial à l'occasion duquel le corps organique passe d'un lieu à un autre, il est manifeste que l'un & l'autre est purement accidentel, que le corps organique qui en est pourvû, n'en est pas pour cela plus animal, & que celui qui en est dépourvû ne l'est pas moins.

Tout le monde connoît cette plante qui prend son nom de sa sensibilité.

Quand on en approche la main, elle s'in-
quiété, elle s'agite, elle fuit l'attouchement. Il en eſt d'autres qui paroiſſant
inſenſibles par-tout ailleurs, donnent
par leurs agitations des marques de ſen-
ſation, quand on porte le doigt ſur leurs
fleurs.

Cette plante ſinguliere qui ne ſemble
s'élever au-deſſus des autres que pour ſe
mettre plus à portée de jouir de l'aſpect
du ſoleil, le tourneſol ne ſuit-il pas exac-
tement le cours de cet aſtre, ne fait-il pas
des évolutions ſur ſa tige? Le ſoir vous
voyez ſa fleur tournée à l'Occident, le
lendemain dès l'aurore vous la trouvez
ouverte du côté de l'Orient ; elle eſt
prête à recommencer ſa carrière, elle
attend le ſoleil. Ainſi ſe meut le tourneſol, ainſi il ſe raſſaſie des rayons qui
l'échauffent & le vivifient, juſqu'à ce que
la vieilleſſe qui endurcit les organes des
végétaux comme ceux des animaux &
qui engourdit tout, vienne arrêter la li-
berté de ſes mouvemens.

Mais quoi, ne voyons-nous pas la plûpart des plantes s'ouvrir à la chaleur du jour, & se fermer dès que les premieres fraîcheurs de la nuit se font sentir. Pourquoi ce mouvement ne seroit-il pas de la même nature que celui que nous remarquons dans tant d'animaux? Vous voyez ce coquillage, cette huitre s'ouvrir dès que la marée approche, & se fermer dès que l'eau l'abandonne, & vous dites, l'huitre sent la marée qui monte & elle s'ouvre; elle sent ensuite la marée qui baisse & elle se ferme. Je vois de mon côté un rosier étaler ses fleurs le matin & les replier sur le soir, & je dis, ce rosier sent la douceur des premiers rayons du soleil & il s'épanouit; le soir il est saisi des premieres pointes du serein & il se ferme. Qu'on écarte tout préjugé & qu'on nous juge.

On ne voit point de muscles, dira-t-on, on ne voit point de nerfs dans les plantes, par conséquent point de mouvement du genre de celui des animaux. C'eſt conclure un peu précipitamment. Puiſque certaines parties des végétaux ſe contractent dans un tems & ſe relâchent dans un autre, il y a néceſſairement dans ces parties des fibres qui tantôt s'allongent & tantôt ſe racourciſſent; il y a une humeur de quelque nature qu'elle ſoit, qui tantôt s'inſinue dans ces fibres & les diſtend, tantôt en ſort & les laiſſe dans le relâchement; il y a des tuyaux qui charient cette humeur, & enfin des filtres qui la ſéparent de la maſſe des fluides. On le voit aſſez, ces fibres ſont les muſcles des végétaux, cette humeur eſt leur eſprit animal, ces tuyaux ſont leurs nerfs, ces filtres ſont leur cerveau. Qu'importe que les muſcles de la jambe forment des eſpèces de fuſeaux, & ceux de l'eſtomac un ſac membraneux ? Ce ſont toujours des muſcles. Qu'importe que les fibres mobiles des plantes ſe réuniſſent en paquets

quets ou s'arrangent autrement, ce ne font pas moins des fibres mobiles, des fibres mufculaires ; il en eft de même du cerveau. Que les filtres dont nous venons de parler, foient réunis & faffent corps comme dans les animaux, ou foient folitaires & difleminés, comme il arrive peut-être dans les plantes, ce font toujours des tamis qui féparent une liqueur d'où dépend le mouvement, ce font toujours des cerveaux. Qu'eft-ce que le cerveau & où eft-il dans l'huitre, dans la plûpart des polypes, dans les zoophites ?

Obfervez que dans cette fuite de rai-fonnemens je ne m'écarte point du fyf-tême reçu fur le mouvement mufculaire ; non pas qu'à beaucoup près je le regar-de comme très-folidement établi, mais quand on veut fe faire entendre quelque part, il faut bien parler la langue du pays.

****

ARTICLE VIII.

Que les végétaux pourroient bien être
doués du sens du toucher.

LES productions terrestres surpassent
en nombre les productions marines, mais celles-ci surpassent de beaucoup les autres en singularité. C'est sous
les eaux qu'on voit la matiére organique se revêtir de toutes sortes de formes, & si avec un célébre Anglois nous
prenons le Protée de la fable pour le
symbole de cette matiére ; ce n'a pas
été sans raison que les anciens le disoient
fils de l'Océan & le faisoient présider
aux troupeaux de Neptune. C'est ici
que la Nature a placé entre les plantes
& les animaux des familles intermédiai-
res qui lient l'un & l'autre régne par
des nuances si imperceptibles, que pour
peu qu'on y réfléchisse, on se sent en-

traîné à croire qu'il n'y a de différence
entre ces prétendus régnes , que du plus
au moins , & que les végétaux font des
animaux du dernier ordre , ou les animaux des végétaux du premier.

Le fentiment caractérife l'animalité
de la maniere la plus diftincte , & ce
caractére , la nature en a pourvû les productions de la mer d'une maniere fi va-
riée , que quelquefois on eft tenté de ne
le pas croire où on l'apperçoit , & d'au-
trefois de le croire où l'on ne l'apperçoit
pas. Le poiffon eft un animal auquel la
Nature en accorde plus qu'à l'huitre ,
l'huitre eft un animal auquel la Nature
en accorde plus qu'à la plante, & la plante
eft fans doute auffi un animal auquel il
en a été accordé moins qu'à tout autre.

Les baleines , les dauphins , les mar-
fouins , tous les cetacés jouiffent de la
vûe , de l'ouïe , de l'odorat , du goût ,
du toucher. L'ouïe manque (au moins
plufieurs Phyficiens le foupçonnent) aux

autres poiſſons. L'ouïe, la vûe, ſans doute l'odorat, manquent aux zoophites & à la plus grande partie des teſtacés. La vûe, l'ouïe, l'odorat & peut-être le goût manquent aux plantes, mais qui m'aſſurera qu'elles ſont auſſi dépourvûes du toucher ?

L'éponge ſe reſſerre & fuit l'attouchement ; donc elle eſt ſenſible au tact. Beaucoup de productions marines vivent, croiſſent multiplient comme les éponges, & à la vûe on les confond ; donc elles ſont ſenſibles comme elles. Il eſt vrai que ces productions ne font point d'effort pour ſe ſouſtraire à l'attouchement ; mais autre choſe eſt de ſentir, autre choſe eſt de ſe mouvoir.

Les orties marines, je veux parler de celles qu'on appelle anemones à cauſe de leur forme & de leurs couleurs éclatantes, ſe replient & ſe concentrent quand on les touche. Elles ont pluſieurs variétés & j'en ai obſervé quelques-unes tout aussi épanouies, tout aussi brillantes, tout aussi anemones que les autres, qui ne se replioient point, qui ne se concentroient point, qui ne fuyoient point l'attouchement. En étoient-elles moins sensibles ?

Ne distinguerons-nous jamais le sentiment, de la faculté d'en donner des marques, de la faculté de se mouvoir ? Sur quel fondement croirions-nous que la Nature ne donne jamais l'un sans l'autre & que tout ce qui est sensible doit se remuer étant touché ?

Nous aurions tort d'admettre le sentiment par-tout où nous trouverons du mouvement, & nous n'aurions pas plus raison de ne l'admettre que là où ce signe semble le déceler. Les Médecins vous montreront des membres frappés de paralysie, dont les uns ont du mouvement & point de sentiment, & les autres du sentiment & point de mouvement. L'un peut donc exister sans l'autre. Je laisse la cause peu recevable à laquelle ils attribuent ces phenomènes. Quelle qu'elle soit imaginons que cette cause accidentelle & transitoire dans les animaux paralitiques est naturelle & permanente dans les plantes, & y établit une paralysie de la seconde espèce ; les voilà qui sentent & ne peuvent se mouvoir.

Ne point s'ébranler dans le moment où l'on est affecté, n'est donc point à beaucoup près une preuve sûre d'insensibilité. D'un autre côté la naissance, l'accroissement, la conformation, sont essentiellement les mêmes dans nos orties immobiles & dans nos orties mouvantes, dans les fausses éponges & dans les vraies, tout parle donc pour leur sensibilité & rien ne la contredit.

Si ces sortes de corps, ces espèces de végétaux sont sensibles au tact, je ne vois plus pourquoi on ne croiroit pas la même chose des autres plantes marines. Les raisons d'analogie subsistent tou-

jours ; des prolongemens , des ramifica-
tions plus ou moins déliées , une éten-
due plus ou moins grande, une consistence un peu plus ou un peu moins solide ,
purs accidens qui n'empêchent point la
ressemblance essentielle.

Mais pourquoi refuserions-nous aux
plantes terrestres, ce que nous accorde-
rions aux plantes marines ? Si elles ont
le sens du toucher , ce n'est pas parce
qu'elles sont marines , mais parce qu'elles sont organisées de maniere à en être
pourvûes , parce qu'elles sont plantes &
elles ne le sont pas plus que les autres.
Leur organisation peut bien varier à
quelques égards , relativement aux besoins , mais elle ne sçauroit être essentiellement différente , & c'est là qu'il en
faut toujours revenir. Les plantes marines n'ont point de racines, par exemple,
qu'en feroient-elles ? L'élément qui les
nourrit les environne & elles le reçoivent
par mille bouches ouvertes sur toute la

furface de leurs rameaux. Ce que l'air
contient d'eau ne fuffit pas aux plantes
terreftres , il faut qu'elles en aillent chercher d'autre dans l'intérieur de la terre,
il faut qu'elles ayent des racines. Voilà
une variété relative à un befoin , il en
eft de même de quelques autres , tout le
refte fe reffemble , & ce refte eft l'effentiel.

ARTICLE IX.

Que peut-être les plantes sont susceptibles du sentiment de la soif.

IL paroît que la faim procede de l'action du suc digestif sur les parois de l'estomac. Dans le tems que l'estomac est vuide, cette humeur active n'ayant plus surquoi s'exercer, inquiéte ce viscere & nous cause cette sollicitude, ce desir de manger que nous appellons faim.

La soif a une origine plus obscure. Son siege semble être dans les membranes que les liqueurs que nous buvons arrosent depuis la bouche jusqu'à l'estomac. Quand la surface de ces membranes se desseche, leurs fibres prennent trop de ressort, & la moindre impression, même celle qu'occasionne le sang qui circule dans ces parties, cause une senfation inquiétante que nous nommons foif.

Les animaux , comme nous l'avons déja dit , font pourvûs d'un eftomac & d'un fuc digeftif, parce que leurs alimens font groffiers & ne peuvent donner aucune nourriture fans être broyés & diffous. Les plantes dont l'aliment eft fluide & tout digéré , n'ont ni l'un ni l'autre. Elles ne peuvent donc avoir le fentiment de la faim, elles n'en ont pas l'organe.

Il n'en eft pas de même de la foif, les canaux qui dans les végétaux abforbent & tranfmettent le fluide aqueux qui les nourrit , font manifeftement fufceptibles de féchereffe. Les végétaux ont donc l'organe de la foif; pourquoi n'en auroient-ils pas le fentiment ? Car il ne faut pas s'imaginer qu'il foit néceffaire d'être pourvû d'une bouche , d'un gofier , d'un œfophage , tels qu'ils fe trouvent dans nous pour avoir foif.

Tout cela réduit à la vraie essence n'est qu'un canal qui transmet des alimens, & les plantes ont des milliers de semblables canaux. Le Philosophe dépouille les objets de tout leur extérieur & les juge sur ce qu'ils sont en eux-mêmes ; la forme ne sçauroit lui en imposer.

Au reste, si l'on m'objecte qu'il ne peut y avoir de sensation sans fibres nerveuses, je l'accorderai volontiers, quoique que j'aye bien des raisons de douter de cette maxime, peut-être trop générale. Si l'on me demande ensuite si les végétaux ont des nerfs, je répondrai que je me suis déja expliqué sur cet objet ; que les plantes ont des tuyaux en quelque sorte nerveux ; que même dans plusieurs d'entre-elles ces tuyaux charient un esprit animal capable de fournir au mouvement. Si l'on continue & qu'on exige de moi que j'en assigne l'origine & l'insertion ; je dirai qu'on exige trop ; qu'à peine l'anato mie la plus délice fuit dans les animaux les paquets de nerfs ; que les derniers filamens échappent à .a vûe la plus perçante ; que peut-être les nerfs des végétaux fe diftribuent de tous côtés par filamens , fans s'affembler nulle part par faifceaux.

Mais felon l'Hypocrate moderne & prefque tous les Médecins de nos jours, les extrêmités des nerfs ne forment-elles pas les membranes, les vifceres, les mufcles , le corps entier ; tout n'eft-il pas nerf dans les animaux ? En ce cas tout eft pareillement nerf dans les plantes. Car encore une fois , ôtez la forme de part & d'autre : le fond reftera toujours le même.

***************:************

ARTICLE X.

Qu'il est une sorte de sens qu'on ne peut guères refuser aux végétaux.

PEU de gens connoissent toutes les sources des sensations, & les Physiologistes même ne paroissent pas avoir assez approfondi cette matiére. En général je pense que nous sommes pourvûs de deux sortes de sens. Les uns relatifs aux objets extérieurs, nous avertissent de leur présence, de leurs formes, de leurs qualités ; tel est le sens de la vûe, celui du toucher, celui de l'odorat. Les autres relatifs à nous-même, nous avertissent de l'état où se trouve notre machine ; telle est la soif, telle est la faim.

Parmi ces derniers j'en apperçois un dont je me fais une idée assez claire, mais auquel je ne sçais trop quel nom donner. Il réfulte de la totalité du corps, de l'état actuel de l'équilibre & de la correfpondance univerfelle. Il donne ce fentiment de bien être que nous éprou-vons dans la fanté & auquel nous fom-mes fi fenfibles dans la convalefcence ; cette fourde inquiétude qui accompa-gne l'indifpofition , & ce trouble dou-loureux & machinal où jette la maladie ; nous l'appellerons fi on veut le fens harmonique. Il ne reffemble certaine-ment point à la vûe, ni au toucher, ni à la foif, ni à aucun autre ; c'eft un fens à part & fon organe eft toute la machine.

Par-tout où je trouve un organe bien conditionné, je n'en puis nier les fonc-tions ; ainfi par-tout où je trouverai une machine organique vivante , je ne puis lui refufer le fens organique ; & cette machine vivifiée , je la trouve dans les animaux , dans les zoophites., dans les plantes.

Les végétaux ne voyent point , n'entendent point , parce qu'ils n'ont aucunes parties organisées , de maniere qu'il en puisse résulter la sensation de la vûe, de l'ouïe. Mais un individu animal & un individu végétal sont tellement conformés qu'à l'occasion de certains accidens , par exemple , d'une transpiration trop ou trop peu abondante , toute leur œconomie peut être troublée. Et puisqu'en conséquence de ce trouble il survient une sensation dans l'un , on ne voit point pourquoi il n'en surviendroit pas une pareille dans l'autre.

Que le trouble qui alors survient dans les végétaux soit considérable, on n'en doutera pas si l'on fait attention qu'il les conduit quelquefois jusqu'à la mort.

Voyez cette plante délicate que la chaleur du Soleil réduit à l'extrêmité : ses sucs se sont épuisés , ses fibres se sont racornies , son organisation se détruit , elle languit & meurt ; elle souffre , n'en doutez pas , elle s'attriste & s'attriste jusqu'à la mort.

Voyez au contraire cette autre plant robuste que la même chaleur vivifie , ses feuilles & ses rameaux bien nourris se soutiennent avec force , ses fleurs s'épanouissent & répandent leur parfum , la fructification s'opére : n'en doutons point encore , cette plante sent son bien être & joui en ce moment de toute a mesure de bonheur que la Providence lui a réservée.

Ne demandons point aux végétaux d'autres signes de plaisir ou de peine ; leurs organes capables de douleur ne sont point propres à faire entendre aucuns gémissemens ; tout se passe en eux dans le silence le plus profond. L'oreille ne peut juger , mais le coup d'œil décide. Cette huitre entr'ouverte qui expire , souffre , vous en êtes bien convaincu , cependant elle n'a point d'organe vocal , elle ne gémit point.　　　　　　　Voyons

Voyons donc les végétaux comme des êtres fenfibles , & regardons ceux d'entre eux qui nous environnent, comme nos contemporains & nos compatriotes : la Nature animée de toute part , n'en deviendra que plus intéreffante.

ARTICLE XI.

Que quand on y regarde de près, on ne sçait plus où borner les sensations des végétaux.

LEs plantes n'ont peut-être point d'autres sens que ceux dont nous venons de parler. Il ne seroit pourtant pas de la prudence d'un Philosophe de décider cette question & de marquer des bornes si étroites à la mesure de sentiment dont-il a plû au Créateur de les rendre susceptibles. Pour être sûr qu'il ne se trouve dans elles aucune autre voie de sensation, il faudroit sçavoir où se bornent les ressources de la nature; & qui le sçaura jamais ?

Les orifices qui pompent le suc nourricier, sont à peu près aux végétaux ce que la bouche est aux animaux; pourquoi le fens du goût qui réfide dans la bouche, ne réfideroit-il pas auffi dans ces orifices ?

D'un autre côté, comme les animaux, les plantes font environnées de corps vifibles, fonores & odoriférens, & fi elles n'ont pas comme eux les organes de la vûe, de l'ouïe & de l'odorat, qui nous a dit qu'elles n'en ont pas d'autres fur lefquels la lumiere, l'air, les odeurs puiffent faire des impreffions telles qu'elles foient ? Je fçais qu'on ne peut voir fans yeux, mais je ne fçai fi la vûe eft la feule fenfation que puiffe exciter la lumiere ; je ne fçais s'il n'eft point dans la Nature quelque organe autre que l'œil fur lequel la lumiere puiffe agir. Si cela étoit les plantes pourroient appercevoir les objets auffi-bien que nous, mais d'une maniere différente ; elles pourroient jouir du fpectacle de la Nature, mais ce fpectacle feroit pour elles out autre qu'il n'eft pour nous, & tel

H ij

que nous ne pouvons nous en former aucune idée.

Mais quand bien même les végétaux privés de tout autre genre de senſation, ſeroient réduits au ſens harmonique ; ç'en eſt encore aſſez pour les mettre de niveau avec les animaux. Examinons les ſuites de ce ſens & ſuivons ſes influences.

Dans une plante l'action des fluides, la réaction des ſolides, la marche intime de la machine, en un mot, l'harmonie doit varier très-fréquemment. Elle n'eſt point la même quand il pleut & que les vaiſſeaux ſe rempliſſent d'une nourriture abondante, ou quand il régne une longue ſéchereſſe & que les vaiſſeaux s'épuiſent, quand une gelée engourdit tout & quand une douce chaleur met tout en mouvement, quand une parfaite correſpondance ſe trouve entre tous les reſſorts & quand il y ſurvient du déſordre. Hales, cet homme qui a vû les choses de si près , nous a démontré par les expériences les plus décisives, que cette marche, cette harmonie , étoit tout autre quand un nuage prive la plante des rayons du Soleil & quand elle en est éclairée, dans l'été & dans l'hyver, à la lumiere du jour & dans l'ombre de la nuit, &c. Mais la sensation attachée à cette harmonie doit varier comme elle ; la plante doit donc distinguer la santé de la maladie, les tems de pluye des tems de sécheresse, le froid du chaud, l'été de l'hiver, le printems de l'automne, un tems couvert & orageux d'un ciel pur & serein, le jour de la nuit, & je ne sçai combien de choses de cette nature.

N'eût-il que ces sortes de sensations, le végétal doit par leur moyen avoir une idée de ce qui lui est utile, contraire, indifférent. Mais cette connoissance peut elle exister sans être suivie de désirs, d'aversions, de craintes, &c. Les plantes ne feroient-elles point en effet fufceptibles des mêmes paffions que les animaux ? Comme eux fenfibles à la fanté, à la maladie, à tout ce qui fe paffe en elles ; comme eux auffi ne rempliroient-ils point une carrière marquée de joies & d'ennuis & qui fe termine par la mort ?

ARTICLE XII.

Eclaircissemens sur ce qu'on vient d'avancer.

L'EMPRESSEMENT avec lequel nous avons essayé de constater dans les végétaux la faculté de sentir, nous a peut-être emportés un peu trop loin. Nous avons avancé que la plante peut non - seulement recevoir beaucoup d'idées, mais encore les distinguer les unes des autres. Cela suppose qu'elles ont de la mémoire. Pour distinguer du jour, la nuit où l'on est enveloppé, il faut avoir joui du jour & s'en souvenir.

Nous voyons bien dans les végétaux des organes qui peuvent leur donner une certaine mesure de sentiment & d'idées, mais nous ne voyons point où les vestiges de ces sentimens & de ces idées peuvent se conserver. Nous voyons bien où la plante peut recevoir, mais nous ne voyons point où elle peut mettre en réserve.

Je me rappelle ces filtres que nous avons regardé comme les petits cerveaux des plantes; je conçois que les impreffions peuvent aller jufques-là & y laiffer des traces, mais je conçois auffi que ces organes pourroient bien n'être que de fimples filieres incapables de cette fonction. En un mot, autant qu'il eſt vraifemblable que les plantes ont du fentiment, autant il eſt douteux qu'elles ayent de la mémoire.

Si nous fuppofons qu'elles fentent & ne fe fouviennent point, cela leur donne dans l'ordre des chofes un rang particulier & qui mérite notre attention. Je trouve d'abord une gradation marquée entre les facultés des êtres organiques ; les plantes n'ont que du fentiment, les animaux proprement dits ont du fentiment & de la mémoire, les hommes ont

du

du fentiment, de la mémoire & de la raifon.

L'imagination ne peut exifter fans mémoire, en fuppofant les plantes dépourvûes de celle-ci, il faut auffi les fuppofer dépourvûes de celle-là.

En vertu de la mémoire on eft encore en quelque forte ce qu'on a été. Se rappeller un chagrin, par exemple, c'eft fe remettre dans la fituation où l'on étoit dans le tems qu'on le reffentoit, c'eft encore le reffentir. En vertu de l'imagination on eft déja ce qu'on imagine devoir être un jour ; nous goûtons le plaifir dès le moment où nous le voyons dans l'avenir, & nous le goûtons au point que dans la fuite la réalité ajoûte peu à notre bonheur : il n'y a que les joyes imprévûes qui foient capables d'affecter puiffamment. Ainfi nous jouiffons du paffé, du préfent & de l'avenir. Les plantes ne peuvent jouir ni du paffé, parce qu'elles n'ont pas de mémoire, ni de l'avenir, parce qu'elles n'ont pas d'imagination ; mais elles ont de la fensibilité, & elles jouiffent pleinement du préfent.

En ce cas la plante eft toujours occupée de fa fenfation actuelle, de fon plaifir ou de fa douleur préfente, & je ne fçai fi en cela un être fenfible perd plus qu'il ne gagne. Il eft vrai que dans la douleur il ne peut imaginer que le plaifir puiffe fuccéder, rien ne la tempére ; mais dans le plaifir il ne peut imaginer que la douleur puiffe furvenir, rien ne le trouble. Combien de gens dont la félicité eft traverféé, parce que leurs regards fe portent en arriere ou en avant & ne peuvent fe concentrer.

ARTICLE XIII.

Développemens sur ce qui constitue l'animalité.

PEUT-ETRE y a-t-il dans les animaux certaine partie essentielle à l'animalité. Toutes les autres en ce cas ne seroient que des piéces ajoûtées pour quelques besoins, ou des instrumens relatifs à quelque fonction. Les os, par exemple, ne seroient que pour soûtenir, les membranes pour enveloper, les muscles pour mouvoir, rien de tout cela ne constitueroit l'animalité & le bras n'apartiendroit guère plus à la partie purement animale de l'homme, que le levier dont on s'aide pour soulever une masse, n'appartient au bras.

Je ne m'explique peut-être pas assez clairement. Si ma constitution n'exi-

geoit point un organe propre à fouetter
le fang ou à le rafraîchir, ou à y tranfmettre des parcelles aëriennes, je pourrois me paffer de poumons & de poitri-
ne. Si l'air pouvoit inférer par les pores
de ma peau une affez grande quantité de
corpufcules nourriffans ; quel befoin
aurois-je de bouche, d'eftomac, d'inteftins, de tous les vicéres du bas ven-
tre & du fac qui les contient ? Si le mouvement ne m'étoit pas utile & que je
duffe m'abftenir d'aller d'un lieu à un
autre, je n'aurois pas plus befoin de
jambes, de bras, de mufcles. S'il m'é-
toit indifférent de jouir de la lumiere
ou d'être aveugle, je n'aurois encore
nul befoin de l'organe de la vûe. Enfin
fi après m'être dépouillé de toutes les
parties qui me fervent ou dont je me fers,
il me reftoit encore quelque chofe, cette
chofe feroit dans moi la partie effentielle
à l'animalité.

Dans cette hypotéfe, pour nier avec

fondement que les plantes foient des
animaux, il faudroit s'affurer que cette
partie effentielle ne fe trouve point en
elles. Toute la phyfique, toute la
doctrine des analogies annonce qu'elle doit s'y trouver ; & fi l'on ne fe
rend pas à ces raifons, on devroit au
moins en attendre de plus fortes pour
prendre le parti contraire.

Mais cette hypotèfe pourroit bien
n'être qu'une chimere. Il n'y a peut-
être dans les animaux aucune partie qui
conftitue leur animalité, dont l'effence
pourroit bien être attachée à la correfpondance générale de tous les refforts
ou du plus grand nombre. En ce cas fi
je continuois comme j'ai commencé à
me dépouiller de tout ce qui dans moi
opére quelque fonction & dont j'imagi-
nerois que je pourrois me paffer, à la
fin je me réduirois à rien, eu égard au
corps & à l'animalité.

Dans cette derniere hypotèfe nous

I iij

aurons encore plus raifon que jamais
d'être circonfpects fur le jugement que
nous portons des plantes. Nous trouverons d'abord que toutes les efpèces d'a-
nimaux font les mêmes quant à l'effence, parce que tous les animaux font
compofés de fibres correfpondantes,
mais qu'elles différent par la forme,
parce que ces fibres font diféremment
arrangées fuivant les befoins & la nature des fonctions qui doivent avoir lieu.
Bientôt nous conclurons que les plantes font auffi les mêmes que les animaux
quant à l'effence, parce que comme eux
elles font compofées de fibres correfpondantes, mais qu'elles en différent par la
forme, parce que ces fibres font diffé-
remment arrangées fuivant les befoins
& les fonctions.

Un paquet de fibres entre les mains
de la nature, peut faire le corps d'un
homme ou celui d'une plante. C'eft
toujours la même chofe quant au fond,

& qu'eft-ce que différer par la forme ?
Qu'importe que ces fibres faffent une
partie offeufe ou une partie ligneufe,
une main ou une branche, une peau ou
une écorce ?

ARTICLE XIV.

Opinions des Anciens sur la nature des végétaux.

NOUS avons peu de lumiere à pui-
ser dans les différentes opinions
des Philosophes, sur la question que
nous agitons. En cette occasion comme
en beaucoup d'autres, il se trouve à la
honte de l'esprit humain, qu'il n'est
point d'idée si dépourvûe de vraisem-
blance qu'elle soit, que des hommes &
même des hommes éclairés, n'ayent été
capables d'adopter.

Plutarque dans son Traité des anciennes Opinions, ou si vous voulez, dans
on Registre des erreurs Philosophiques,
raconte que les Stoïciens refusoient même la vie aux végétaux. Des êtres qui
croissent, multiplient, vieillissent

n'avoient, selon eux, aucune part à la vie, & lors même qu'on les voyoit mourir, on ne vouloit pas convenir qu'ils eussent vécu.

Tandis que d'un côté à force de raisonner sur ce qui manquoit aux plantes, on trouvoit qu'elles n'étoient pas même vivantes; d'autres à force de raisonner sur ce dont elles étoient pourvûes, trouvoient dans elles, le dirai-je, un principe d'intelligence, une ame raisonnable. Il paroît que tel a été le sentiment de quelques anciens Philosophes; & saint Augustin reproche très-amérement cette opinion aux Manichéens.

Vous voyez que d'une part on accorde tout aux plantes, & que de l'autre on leur refuse tout. La plante raisonne; la plante n'est pas même vivante; il n'y a pas moins de différence entre ces opinions, qu'entre la vie & la mort, l'esprit & la matiere, tout & rien.

Il semble que dans ces circonstances

la vérité comme la vertu, tient toujours le milieu entre les excès. Platon n'a point crû, comme les premiers, que les plantes fussent sans vie. Il n'a point crû, comme les seconds, qu'elles eussent une ame raisonnable. Il tient le milieu & leur donne la vie & le sentiment. Mais un individu qui vit & sent, est un animal; & si nous nous trompons en présumant que les plantes sont de véritables animaux nous nous trompons avec le divin Platon.

ARTICLE XV.

De l'ame végétative.

ON connoît affez le fyftême des Péripatéticiens fur la gradation des ames. Ils en diftinguent trois fôrtes, une raifonnable, une fenfitive, une végétative. En vertu de la premiere, l'homme raifonne ; en vertu de la feconde, l'animal fent ; la troifiéme, dit-on, ne raifonne point, ne fent point, elle végete feulement. Elle développe les germes , préfide à l'accroiffement des plantes & dirige le grand œuvre de la fructification.

Qu'il eft difficile de fe faire une idée de cet être fingulier à qui on accorde tant de facultés & à qui on refufe celle de fentir. Quoi ! l'ame végétative établie dans le germe qu'elle développe, disposera d'une maniere si industrieuse les fibres, les canaux, toutes les parties de la plante & n'aura pas la moindre connoissance des ressorts qu'elle arrange avec une telle précision ? Elle remédiera avec autant de sagesse que d'empresse- ment, aux dérangemens qui surviennent dans l'œconomie végétale, aux mala- dies des plantes & à l'occasion de ces dérangemens, de ces maladies, elle n'au- ra pas éprouvé la plus legére sensation ? Elle mettra en jeu, elle dirigera le mé- canisme incompréhensible de la généra- tion, & elle n'aura pas sur tout cela la moindre lumiere, elle n'en recevra pas la moindre impression ?

Combien n'est-il pas plus vraisem- blable que les plantes ont ce que ces Philosophes ne voulurent point y trou- ver, & n'ont point ce qu'ils y crurent voir ? Je veux dire que les ames végétatives n'ont rien moins que la faculté de former, développer, perfectionner, qu'on leur a donnée, & sont pourvûs du sentiment qu'on leur a refusé.

L'apparence a trompé les Péripatéti-ciens, & il est aisé de voir la route qui les a égarés. Ils remarquoient dans l'homme une intelligence infiniment supérieure à tout ce qui peut y ressem-bler dans le reste des êtres organiques vivans, & ils reconnurent dans lui un principe qui ne se retrouvoit plus ail-leurs, une ame raisonnable. Par cette raison même ils refuserent cette ame aux animaux, mais ils les trouvoient pour-vûs des organes des sens aussi-bien que les hommes, & ils leur accorderent une ame capable de sentiment, une ame sen-sitive. Dans les plantes, ils ne retrou-voient ni le principe intelligent, ni les organes des sens tels que dans les hom-mes & les animaux, ils y apperçurent feulement le principe de vie & tous fes attributs ; ils leurs imaginèrent donc une ame, mais une ame inepte au fenti- ment, une ame purement végétale & qui ne reffemble à rien.

Ici eft la fource de l'erreur péripa- téticienne. Ils connoiffoient dans les plantes des orifices deftinés à rece- voir des alimens, & ils ne conçu- rent point que dans les végétaux ces bouches pouvoient être l'organe du goût. Ils fçavoient que la nourriture eft néceffaire aux plantes comme aux animaux, & ils ne conçurent point que quand elles ont befoin, elles peu- vent avoir un fentiment d'inanition qui réponde à la faim ou à la foif. Au moins s'ils avoient pénétré un peu en avant, ils n'auroient pû s'empêcher de recon- noître dans les végétaux le fens que nous avons appellé harmonique, & c'en étoit affez pour conftater leur fen- fibilité.

Les Péripatéticiens jugérent d'après ce qu'ils virent ; c'est le mieux en Phy-sique ; mais il faut bien voir & voir tout, ou ne point juger.

ARTICLE XVI.

Erreurs dans la distribution des corps
naturels en trois règnes.

ON a dit, il y a dans la Nature
des corps qui vivent & qui fentent , ce font les animaux ; il y en a
qui vivent & ne fentent point , ce font
les végétaux ; il y en a qui ne vivent ni
ne fentent , ce font les minéraux : les
corps naturels fe peuvent dont ranger
fous trois ordres , fous trois règnes , le
minéral , le végétal & l'animal.

J'ai quelques objections à faire fur
cette diftribution. On a penfé que les
végétaux qui vivent comme les animaux , font dépourvûs de fentiment
comme les corps brutes. On vient de voir
combien nous avons de raifons de penfer le contraire , & en conféquence
combien

combien l'idée des trois règnes est ha-
zardée.

Il s'en faut beaucoup que la distance
qui se trouve entre le règne minéral &
le végétal, se retrouve entre le végétal
& l'animal ; & c'est pourtant ce qu'il
faudroit pour que la division fût exac-
te. Cette distance est du brute à l'organique, c'est-à-dire, immense ; il ne s'en
rencontre plus de semblable entre les
corps.

Il est des corps qui considérés d'un
certain côté, paroissent brutes, & qui
considérés sous un autre point de vûe,
paroissent organiques ; les uns ont dit,
ce sont des pierres ; les autres, ce sont
des plantes, & on n'a sçu qu'en croire.
Il en est d'autres qu'au premier coup
d'œil vous prendrez pour je ne sçai
quelles plantes, & que bientôt vous se-
rez tenté de prendre pour des animaux.
Ce double inconvénient a induit beaucoup de gens en erreur ; ne sçachant où

K

placer ces corps & ne trouvant point de limites précifes entre les trois règnes, ils ont crû que la Nature paffe de l'un à l'autre par des nuances imperceptibles, qu'il n'y a point de divifion à chercher, que les claffes des Naturaliftes font idéales, qu'enfin les corps naturels forment une chaîne indivife. Idée fauffe & qui a été le germe de tant d'erreurs qui de nos jours innondent le monde Philofophique.

Le premier de ces inconvéniens procéde de notre infuffifance. Nous ne connoiffons point affez intimement la conformation de certains corps pour fçavoir au jufte s'ils font brutes ou organiques, s'ils appartiennent aux minéraux ou aux autres règnes. Ce n'eft pas qu'ils gardent un milieu qui ne peut exifter ; ils appartiennent néceffairement aux uns ou aux autres ; mais déterminer auxquels, c'eft un problême que la Nature propofe & dont on n'a point encore trouvé la folution.

Quant à l'embarras où nous fommes dé placer les zoophites ou dans le règne végétal, ou dans le règne animal, il procede purement de notre faute. Nous avons voulu féparer ce qui ne peut l'être, nous avons tranché ce qu'il ne falloit diftinguer que par une ligne ; on a fait deux règnes des végétaux & des animaux , & il n'en falloit faire qu'un.

Puifqu'on imaginoit un premier ordre pour les corps brutes ; il étoit fimple d'en imaginer un fecond pour les corps organiques ; & de ranger dans ce dernier les plantes & les animaux. Cette diftribution fe préfente naturellement : d'un côté il y a vie, de l'autre il n'y en a point ; là il n'y a aucun concours d'action , aucune correfpondance de parties, ici tout eft action & correfpondance ; dans l'une de ces claffes tout fe reproduit par germe ; dans l'autre il n'y a aucune germination. Que dirai-je de plus, par tous les endroits où les corps organiques se ressemblent, par tous ces mêmes endroits ils diffèrent des corps brutes. En un mot, le règne végétal & le règne animal ont entre eux autant de rapports, que tous deux en ont peu avec le règne minéral.

Mais confondrons-nous les plantes avec les animaux ? Point du tout : ces êtres qui se ressemblent essentiellement ont des différences accidentelles ; suivant ces différences vous les distribuerez par classes où les zoophites que vous ne sçaviez où placer occuperont le milieu. Corps brutes, corps organiques, seule division naturelle. Végétaux, zoophites, animaux, sous-division des corps organiques qui met chaque chose à sa place & leve toute difficulté.

Il n'y a point de confusion dans les grandes limites des corps naturels, il y en a seulement dans l'idée qu'on s'en est faite.

CONCLUSION.

AVONS-NOUS tout dit ? Est-il assez prouvé que les plantes sont essentiellement de la même nature que les animaux ? Oüi sans doute. Mais avons-nous eu raison de conclure de-là que les plantes ont du sentiment ? Les animaux en ont-ils eux-mêmes ?

Nous avons dit, à juger par tout ce que nous voyons, il y a apparence que les animaux sentent, donc les plantes ont aussi des sensations, car leur essence est la même. Mais si nous disions maintenant, à parler vrai & à juger par tout ce que nous voyons, nous avons lieu de croire que les plantes n'ont point de sentiment, donc les animaux n'en ont pas non plus, car les uns & les autres sont de la même nature : quel parti auroit-on à prendre ? De toutes les conformités que nous avons trouvées entre les corps organiques, celui qui conclura que les animaux ne sentent point, parce que ce ne sont que des plantes d'une organisation supérieure, il est vrai, mais toujours des plantes, n'aura-t-il pas autant raison que celui qui conclut que les plantes sentent, parce que ce sont des animaux d'une organisation inférieure, il est vrai, mais toujours des animaux ?

Ainsi de tout ce que nous avons dit & de ce que nous ajoûtons ici, il se forme un labytinthe où je laisse le Lecteur, & où il ne doit pas être surpris de se trouver : car tel est le terme de toute discussion philosophique.

Fin de la seconde Question.

TABLE
de la seconde Question.

Fin de la Table.